建筑美术速写教程

赵 刚 顾 超 卓长春 张舒璐 著

U0293816

微信扫二维码
获取视频资源

南京师范大学出版社

图书在版编目（CIP）数据

建筑美术速写教程 / 赵刚等著 . -- 南京：南京师
范大学出版社，2024. 7. --（设计专业手绘表现丛书）.
ISBN 978-7-5651-6406-4

Ⅰ. TU204

中国国家版本馆 CIP 数据核字第 2024Y7Z637 号

书　　名	建筑美术速写教程
丛 书 名	设计专业手绘表现丛书
著　　者	赵　刚　顾　超　卓长春　张舒璐
策划编辑	何黎娟
责任编辑	杨　洋
出版发行	南京师范大学出版社有限责任公司
地　　址	江苏省南京市玄武区后宰门西村 9 号（邮编：210016）
电　　话	（025）83598919（总编办）　83598412（营销部）　83373872（邮购部）
网　　址	http://press.njnu.edu.cn
电子信箱	nspzbb@njnu.edu.cn
照　　排	南京凯建文化发展有限公司
印　　刷	江苏凤凰通达印刷有限公司
开　　本	889 毫米 ×1194 毫米　1/16
印　　张	6.5
字　　数	117 千
版　　次	2024 年 7 月第 1 版
印　　次	2024 年 7 月第 1 次印刷
书　　号	ISBN 978-7-5651-6406-4
定　　价	32.00 元

出 版 人　张　鹏

前言 —— Foreword

　　速写是绘画的基本功，是艺术家观察和表现生活的重要手段。艺术家通过速写练习，去发现那些被忽视的细节和情感，提高对生活的敏锐感受和深刻理解，将瞬间的感悟凝练成永恒的艺术，带给观者心灵的触动和思想的启迪。

　　速写摒弃繁琐，直抒胸臆，以简洁的线条勾勒出万千气象，其画面饱含着创作者对世界的独到解读与内心的丰富情感。对于创作者而言，速写如同灵魂的舞蹈，执笔挥洒，将转瞬即逝的灵感凝固于纸端，倾注着对生活、对生命的热爱与关怀。坚持速写，不仅是艺术训练的修行，更是创作者对待生活的一种态度。它让绘画者学会用心观察，用情感思考，用笔触描绘，将生活的美好在纸面流淌。

　　近些年，由于科技发展迅猛，在创作观念和对艺术的理解上产生了一种淡化写生的倾向，我不太认同。生活永远是艺术创作的源泉，只有深入生活，注意观察和思考的艺术家，灵感才不会枯竭。优秀的速写作品，本身也精彩纷呈且无法替代，具有独立的审美意义。速写写生的寥寥数笔，概括了艺术家的所有激情和对生活的理解，是提升艺术水准的最好手段。

　　本书通过大量示范作品展现不同的速写方法、技巧和观察方法，深入浅出地介绍了速写学习的要点，并以过程图引导学习者入门。书中所呈现的作品都具有较高的艺术水准和代表性，用笔洗练、形神兼备，可以作为临摹范本，也值得大家揣摩。希望读者朋友既能掌握书中所介绍的绘画技巧，也能由研究临摹这些作品入手，掌握速写的方法，能够独立对景速写，画出优美作品。也希望大家去生活中寻找灵感与激情，利用速写快速地记录下那些令人感动的、转瞬即逝的一刻。

　　本书难免有些许不足之处，望广大读者批评指正。

赵　刚

2024 年 6 月于金陵

目录
------ Contents

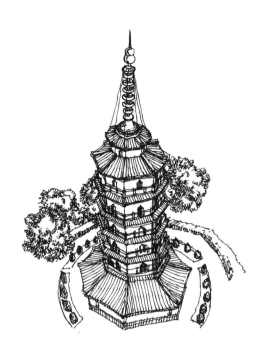

第二章　速写工具与基本原理

第三章　建筑速写局部

第四章　建筑速写实例

1_{st}

CHAPTER

建筑速写概述

一、什么是速写

英文名：quick sketch

类　别：绘画艺术形式

定　义：快速写生的方法

分　类：研究性速写、表现性速写等

速写是指在短时间内快速概括人物、风景、建筑等的绘画方式，是绘画艺术的基础画科。速写是中国原创词，属于素描的一种。素描包含速写，但是素描对空间、结构、透视、光影关系更为讲究。速写绘画时间较短，表现的方式比较灵活，主要表达人物的动态、表情，美好的景物或是转瞬即逝的场景。

《风景速写》 米勒

速写分为研究性速写和表现性速写两大类。研究性速写，也称为训练性速写，主要是通过对静止对象的观察，加强对物象的理性认识，熟悉速写的工具性能和表现手法，绘画者可以由浅入深，由简到繁，从容冷静地反复练习。表现性速写则是指反映生活、记录生活的速写，手法多种多样，可简可繁，甚至可以简化到符号化。表现性速写中还包括素材性速写，即为了搜集特定题材的资料而创作的速写，可以是人物、动物、风景、建筑、场景，也可以是其局部细节。

速写作为独立的绘画形式，是 18 世纪以后的事情，在这以前，速写只是画家在创作准备阶段用于记录的手段，就是俗称的"打小稿"。后来，人们慢慢发现速写这种绘画形式既省时间，又具有艺术性，非常适合用于捕捉瞬间的灵感，所以速写慢慢发展壮大起来，到现在已经成为一门独立的画科了。古今中外的许多艺术家终身都在画速写，他们也因速写终身受益。

《男子肖像》 席勒

二、速写的分类

直线速写、勾线速写、线面速写、明暗速写、记忆速写

1. 直线速写

直线速写就是起形时用直线的速写，简单概括，但是结构、形体等都要表现到位，在关键部位可以重复叠画几次。这种画法较易掌握，十分适合初学者，但缺点是若画不好，画面容易呆板而缺乏生气。

《宏村》 吴冠中

2. 勾线速写

勾线速写以直接勾画物象结构轮廓的形式进行描绘，用线肯定且流畅生动，具有很强的表现力。作画时可以从最感兴趣的地方下笔，也可以按顺序从头到尾一次画完。勾线速写对线条的掌控、形体结构的把握等能力要求较高，画不好容易显得杂乱无章。

《西藏速写》 陈丹青

3. 线面速写

线面速写即在绘画时用线面结合的方法来表现对象，一般亮面、贴合形体的地方用线细且硬，虚的地方用线粗且轻，同时在大的结构转折之处辅以线条铺出的面来加强体积感。

中国素描在融合中国传统白描的基础上，产生了独特的以线为主、线面结合的造型方法，用简练的线条在短时间内扼要地画出人和物的动态或静态形象，一般用于创作的素材收集和草图阶段。

《建筑速写》 门采尔　　　　　　　　　　　《新疆女孩》 黄胄

4. 明暗速写

　　明暗速写在表现方法上与线面速写基本相同，区别在于它更深入地表现体积、结构，形体的要求更严谨扎实。这种方法要求绘画者对物象的结构特点了然于胸，同时对绘画者的手头功夫要求较高，要求速度快、结构准。

《母亲》 丢勒

《推车的农夫》 米勒

《劳作》 米勒

《舞蹈》 陈玉先

5. 记忆速写

记忆速写也叫默写，训练目的在于强化对动态和结构的记忆能力，以及对画面的综合概括能力。

在默写中经常会发现好的构思。默写是架设在绘画训练和自由创作之间的桥梁，是创作设计训练的重要方法之一。

默写可以对写生进行有力的归纳，是锻炼形象记忆的好方法。写生后及时默写，可以检验自己的形象感受能力和整体控制能力，有利于向艺术创作和艺术设计过渡。

默写是对记忆中的整体印象和感觉的概括和归纳，是锻炼视觉记忆力和敏锐观察能力的好方法，这是写生所不能替代的。

三、学习建筑速写的意义

速写可以帮助你练就一双艺术家的眼睛和双手，建立科学的观察方法，培养从整体着眼看待对象的习惯，提升捕捉瞬间感受的能力

1. 培养多种能力

速写是一种快捷、方便的造型语言，无论是艺术家还是设计师，都可以运用这种艺术语言表达自己的灵感和创意。对于初学者来说，速写是训练综合造型能力的好方法，可以快速地应用和发展我们在素描中所提倡的整体意识。

速写既表现画者对生活的观察和积累，又是一种行之有效的训练塑造能力的方式。同时，速写能培养绘画者敏锐的观察能力，使其善于捕捉生活中美好的瞬间；培养绘画者的画面概括能力，使其能在短时间内画出对象的特征；还能提高绘画者对形象的记忆能力和默写能力。速写的这种综合性，主要缘于速写作画时间的短暂，这种短暂又缘于速写对象活动性的特点。速写是以运动中的物体为主要表现对象，画者在没有充足的时间进行分析和思考的情况下，必然要以一种简约的综合方式来表现。

《建筑与雕塑》 门采尔

门采尔一生创作的速写的数量之多，目前可以说前无古人后无来者，他为世人留下了 7000 余幅素描和 80 余本速写本。

他总是带着速写本穿梭在大街小巷、山野乡村，记录着生活百态。他的速写作品色调、层次丰富，造型严谨，笔法刚劲，生动自如。

2. 弥补素描学习的不足

经历长时间的素描练习后，极容易产生看一眼画一笔，或勾画物象表面琐碎细节的毛病，速写则可在一定程度上修正这一问题，帮助我们学会概括和简化。大量的速写训练可以强化手、眼、脑的有机配合，提高概括能力，并且能够保持和深化画者最初的新鲜感受。在素描学习中穿插速写练习，就可以把感受力、思考力、表现力有机融合。

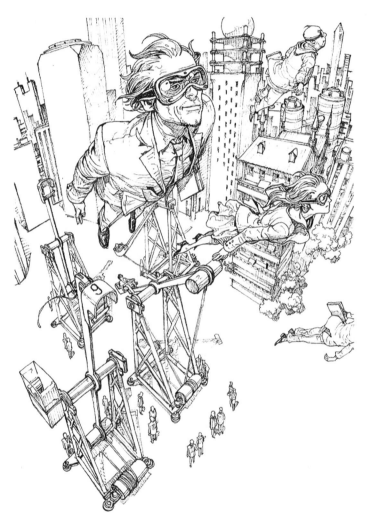

《创作速写》 金政基

韩国画家金政基被称作"人肉打印机"，是一个不打草稿的速写之"神"。
想要提高速写水平必然要有大量的积累，养成从绘画角度观察的习惯也有助于速写水平的提升。

3. 速写本身即是一种富有表现力的绘画形式

对于创作者来说，速写是记录感受的方式，也是由造型训练走向造型创作的必然途径。面对五花八门的景物，快速地表现出自己最需要的点、线、面，将感受和想象形象化、具体化，只能依靠速写。速写能为创作收集大量素材，也能探索和培养具有独特个性的绘画风格，好的速写本身就是一幅艺术作品。经常练习速写，能使我们迅速掌握人体、建筑物的基本结构，熟练地画出人物的动态、神态，以及建筑在不同环境中的状态，对创作构图的安排和情节内容的组织会有很大的帮助。

《河畔》 伦勃朗

伦勃朗是欧洲17世纪最伟大的画家之一，他的作品注重营造体积感与空间感，画面丰富，轻松而生动，充满感情，浑然天成。这幅乡村风景宁静而优美，充满了一种均衡的平稳姿态。

《麦田与柏树》 凡·高

凡·高的速写线条富有变化，充分利用点、线、面的变化，表现躁动的内心，动态感十足。他的画面中没有华丽的技巧，只有对生活的热爱和渴望。

四、学习建筑速写要具备五种能力

　　五种能力——"留""减""加""改""接"。这五种能力的养成建立在掌握本书第二章中"速写的表现规律"的基础上

1."留"的能力

　　画建筑速写不是描绘眼前的所有景物，而是要进行主观地取舍，"留"下使自己感动的景物，舍去与兴趣主题、画面主题无关的景物。在具体写生中，无论是面对大的场景，还是小的景色，都要选取自己感受最深的景物进行描绘。

《农家院速写》 米勒

2."减"的能力

"减"就是把与主题不相关或细枝末节的东西去掉，将所表现的内容简单化，以明确主题。自然物象往往错综复杂，在建筑写生实践中要学会艺术地处理，做好"减"法。

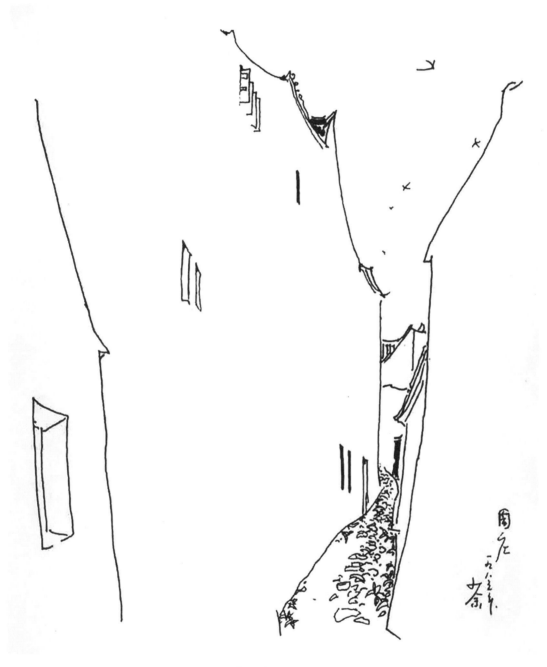

《周庄》 吴冠中

3."加"的能力

"加"和"减"是相互依存、辩证统一的两种艺术处理方式。在建筑速写写生中，许多初学者常常会对某个感兴趣的物象充分地表现，一味地"加"，但是对其他景物又舍不得"减"掉，或者不知如何去"减"，致使画面主次不明，缺少对比，主题弱化。因此，我们要正确处理"加"和"减"的关系。

4. "改"的能力

在写生中，我们常常会发现许多物象在自然状态下其实是不美的，或者说把这些物象放到画面上会带来不理想的效果，这时就需要改变一下物象的位置，把别处的物象移过来重新组合，或将物象的某一特征、原形进行适当的改变。这种有意识地处理画面的手法是对物象的再创作，能够把创作主旨和景致协调起来，更好地表达创作意图。

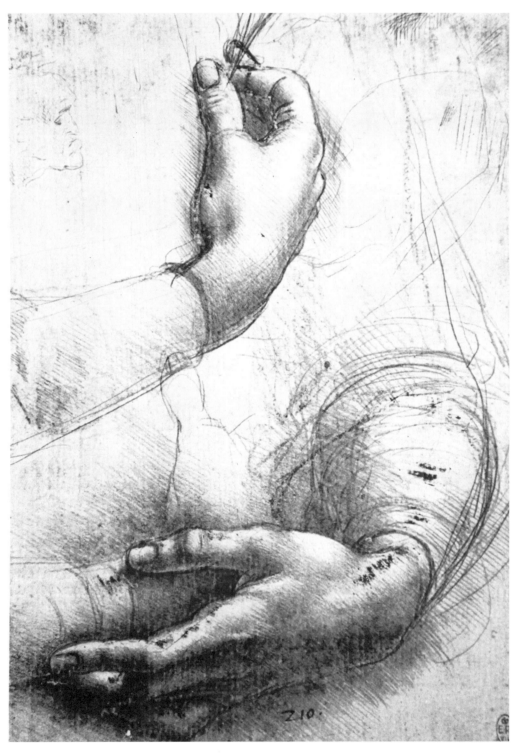

《手部练习》 达·芬奇

5."接"的能力

"接"的能力就是创造能力的继续开发、不断拓展的能力。建筑速写的学习内容还包括艺术观念、形式感受、造型艺术特性、视觉美术与建筑等课题的分析研究。"从哲学上说，凡是创造都是一种广义的设计。"设计的核心就是创造。提高设计能力的关键就是提高创造力，作为艺术设计殿堂初阶段的建筑速写课，其目的就是为培养和提高创造力打基础。

《游客》　金政基

五、学习建筑速写的方法

敢画多练，不成都难！

多观察、多思考、多实践是学好速写的唯一正道

速写和素描不同，它要迅速地画出稍纵即逝的动作和具有特点的比例关系，省略不必要的细节。建筑速写必须把景物"浓缩""综合"于整体空间之中，以线条构建画面中的空间深度，用线条表达疏密、动静、大小、高低、起伏，要对立统一、布局得当，营造自然美感。

初学者重"理"，精通者重"法"；初学者宜"工"，精通者宜"写"。初学速写时可以先画形态简单的景物，练习边看边画的功夫，摒弃看一眼、画一笔的习惯。作画时先观大形，抓住第一感觉，迅速捕捉景物的特点，大胆塑造，保持作画的新鲜感，因为新鲜感对于画家来说是最为宝贵的。要胆大心细，把握住大构架、大比例，改掉画错就立刻用橡皮涂改的毛病，避免死板僵硬的描摹。

那么，如何画好建筑速写呢？我们可从认识、表现和审美三个方面着手。

认识，要求对形体结构透彻理解，对解剖透视法则熟练应用，对体、面、空间如实把握，做到胸有成竹。

表现，要求方法步骤合乎章法，构图布局安排得当，提炼取舍恰到好处，画面张弛有度、主次有序。

审美，要求形象生动、神韵自然、整体和谐、富于节奏，具有艺术性和欣赏性。

《流浪汉》 列宾

2nd
CHAPTER

速写工具与基本
原理

一、速写的工具

铅笔速写自由、放松，钢笔速写别有趣味

速写对绘画工具的要求不是很严格，一般来说，能在材料表面留下痕迹的工具都可以用来画速写，比如我们常用的铅笔、钢笔、签字笔、马克笔、圆珠笔、炭精条、木炭条、毛笔等，下面主要介绍建筑速写常用的铅笔和钢笔。

1. 铅笔速写

铅笔速写的特性是线条的粗细、深浅、虚实变化多，可以通过纯线条、线面结合或明暗的方式塑造景物，表现方法多样；特点是好掌握，可以及时改正错误的形体和线条，比钢笔速写更自由和放松。

铅笔速写一般采用 2B 以上的铅笔，太硬的铅笔会划伤纸面，而且线条的粗细、深浅变化也小；软铅则可以磨出斜面来表现块面，线面结合能使表现力更丰富。

《沈阳一》 于小冬

《沈阳二》 于小冬

《江潮白河》 于小冬

《海边小镇》 赵刚

2. 钢笔速写

钢笔速写主要用线来表现，线能迅速、简洁、明确地表达对象的基本形体、结构、体积与空间，而线的轻重、疏密、曲直、缓急以及长短则可以充分表现出各种景物的形象特征和质感。所以，线在钢笔速写中发挥了极大的作用，直线、曲线、波浪线、射线等各显其能，通过不同的排列组合、疏密变化塑造出景物的结构、明暗和空间的虚实，别有一番趣味。

《农家院》 张舒璐

二、透视原理

画建筑速写必须对透视原理了然于胸

透视是用于表现物体的三维立体感及空间关系的方法。透视通过近大远小、空间纵深等基本原理，在二维的画面上表现出三维的空间感。所以，学好透视原理能帮助我们提升速写的空间表现能力。

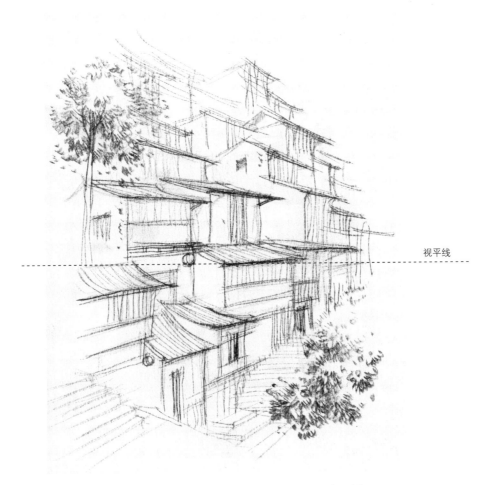

视平线

视平线以上的透视规律是"近高远低"，视平线以下的透视规律是"近低远高"

1. 常用的透视术语

● **视点**：画者观察对象时眼睛所在的位置就是视点，这个位置在作画的过程中始终是固定的。视点角度和高度的选择至关重要，合适可使画面增色，反之，不仅增加绘画难度，而且会削弱画面的表现力。这就是我们常说的观察角度决定着画面气质，与众不同的视角会给观者带来独特的视觉享受。

● **视平线**：与观察者眼睛高度一致的水平线叫视平线。视平线的高低决定视角，视平线高于物体的观察视角为俯视，视平线低于物体的观察视角为仰视，视平线与地平线重合为平视。视平线上、下的透视规律是相反的，所以视平线的确定在绘画中起着决定性的作用，找到视平线并在画面中正确标记是对初学者的基本要求。

- **视中线**：与观察者位置一致的垂线叫视中线。视中线的确定能明确观察者与所描绘对象的位置与角度关系。

- **灭点**：由于近大远小的透视规律，景物边线的延长线会消失在视平线上，消失点叫灭点。

- **天点、地点**：由于近大远小的透视规律，边线的延长线相交于地平线以上的灭点称天点，地平线以下的灭点则为地点。

- **近大远小**：近大远小是透视的基本规律，指在同一空间中，近景物体比例接近真实，远景物体则会产生视觉缩小的现象。

- **空间纵深**：物体在空间距离下产生视觉焦点，所有物体围绕这个焦点聚拢的聚焦方式，即为纵深。

- **近高远低**：视平线以上的透视规律。

- **近低远高**：视平线以下的透视规律。

2. 建筑速写中常用的透视

（1）一点透视（平行透视）

一点透视中，将正对着视点的景物的两边延长，延长线会产生汇聚于一点的趋势，这一点为灭点。灭点位置的选择很重要，因为灭点决定了画面上所有透视线的方向。

平行透视在速写中应用很广，适合表现室内效果图、街景等，宜用于深远空间的表达。

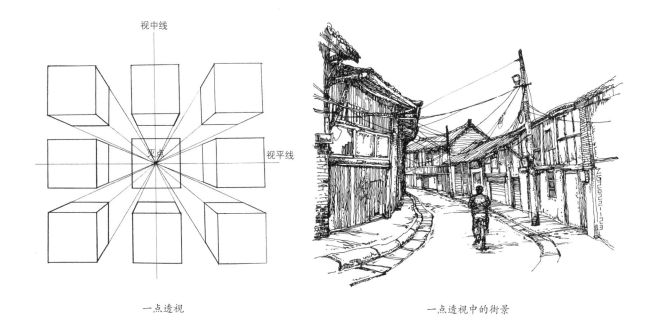

一点透视 一点透视中的街景

（2）两点透视（成角透视）

两点透视中，景物非正对观察者，可以看到它的两个侧面，侧面边线的延长线消失于视点左、右方的视平线上，产生左、右两个灭点，灭点与视点的远近则由景物的边线和画面所成的角度决定。两个灭点的距离须在景物自身长度的2倍以上。当两个灭点距景物一远一近，其透视线倾斜度有对比，景物的两个面就有了主次区别。

两点透视适用于表现建筑外观效果图，表现主次关系，体积感强。

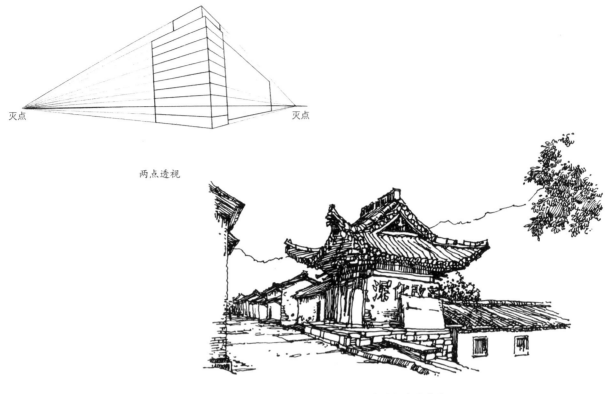

两点透视

两点透视中的建筑

（3）三点透视（倾斜透视）

三点透视中，视平线以上的屋面或斜坡，前低后高，其边线向上消失于天点，反之，其边线朝下消失于地点。三点透视的特点是有三个灭点。天点、地点离视平线越远，坡面与地面的倾角越大。

三点透视常运用于表现仰视图、俯视图、建筑鸟瞰图。

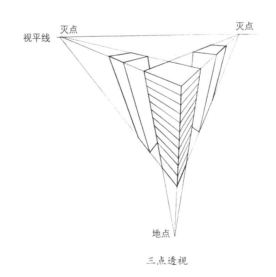

三点透视

（4）圆的透视

在正方形的透视中可以做出圆的透视。圆的透视变化是由其距视平线的远近所决定的：圆离视平线越近，圆面越小，圆的弧度越小（越接近直线）；反之，则圆面越大，圆的弧度越大（越接近正圆）；若与视平线重合，圆面与弧度则看起来是一条直线。

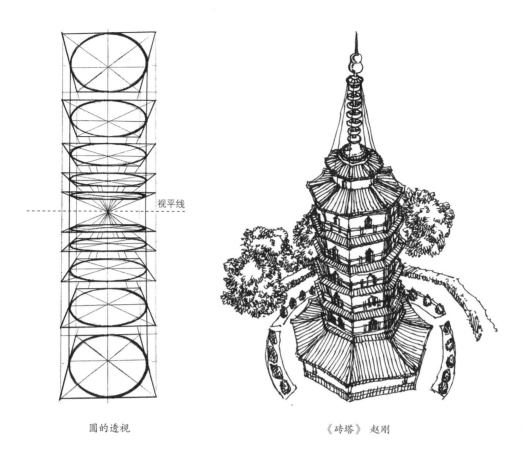

圆的透视　　　　　　　　　　　《砖塔》　赵刚

（5）阶梯的透视

　　阶梯由水平和垂直两个面组成，除此之外，阶梯有一定的高度变化和倾斜角度，所以要将天点和灭点联系在一起（天点和灭点必须在同一垂线上），才可以精确画出阶梯的各个层面。

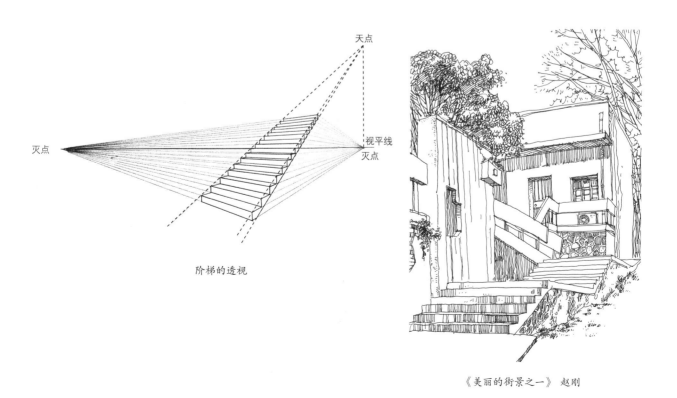

阶梯的透视　　　　　　　　　　　　　《美丽的街景之一》　赵刚

三、速写的表现规律

疏密对比、虚实对比、曲直对比、黑白对比

线条的张力体现着绘画者的艺术表达能力。因此，速写线条必须具有一定的艺术美感，而不是仅仅把结构交代出来就完事了。线条的粗细、疏密、弧度、流畅度等都要有不同层次的变化，比如线条在重要的结构处画得粗一点、密一点，在有一些部位则可以画得纤细、大气、简略点，这样就可以增加线条的艺术美感，而且避免了单一线条给人的单调感，绝不能整张习作的线条都是一个模式。

画速写胆子一定得大，用线要肯定，看着差不多画过去就行，先别管准不准。再就是不要怕画不好，速写高手也不是每幅画都能画好，你所看到的好的速写作品不知道是画废了多少张才能脱颖而出的。

想要画好速写必须遵循以下几个规律。

1. 疏密对比

画面的节奏是非常重要的，节奏是由画面的对比变化产生的，有了对比，画面看起来就会更舒适。黑和白、疏和密、轻和重、大和小、方和圆，这些都是画面中的对比。

中国画论中常论及"疏密关系"。明代的董其昌在《画旨》中说："疏则不深邃，密则不风韵，但审虚实，以意取之，画自奇矣。"清代的邹一桂说："章法者，以一幅之大势而言。幅无大小，必分宾主。一虚一实，一疏一密，一参一差。"清代的蒋和说："树石布置须疏密相间，虚实相生，乃得画理。"现代的黄宾虹也说："香山（恽道生）论画，言疏中密，密中疏。南田（恽寿平）为其从孙，亟称之，又进而言密处密，疏处疏。""中国画讲究大空、小空，即古人所谓'密不通风，疏可走马'。疏可走马，则疏处不是空虚，一无长物，还得有景。密不通风，还得有立锥之地，切不可使人感到窒息。"

《湖边》 伦勃朗

2. 虚实对比

虚实对比对画面的空间关系有较大的影响。我们的视觉中心易于观察到实的地方，而忽略虚的地方。虚实变化可以用在画面空间关系的处理、主体物的塑造和非主体物的区别变化上。

意境美是中国绘画艺术之灵魂。在中国绘画的传统技法中，虚是指画面中笔画稀疏或留白的部分，它给人以想象的空间，让人回味无穷；实是指图画中勾画出的实物、实景以及笔画细致丰富的地方。"虚实"是中国传统哲学与美学的重要范畴，与"有无""阴阳"等抽象概念相联系，从而在精神层面上得到了极大的拓展与升华。

《小镇》 门采尔

3. 曲直对比

建筑师高迪曾说过："直线属于人类，曲线属于上帝。"柔软、轻盈的曲线能赋予生硬而理性的建筑以动感与流动性。直线具有现代感和稳定性，曲线具有优美感和自然性。画面中的曲线如果过多，会看起来软而无力；如果直线过多，又会看起来生硬。一幅画中，曲线和直线都要有，并且要营造合理的曲直对比，这样画面看起来会比较舒适。

《山村》 吴冠中

4. 黑白对比

黑白对比可以让画面产生更加强烈的视觉效果。景物的黑白可以从固有色进行区别，也可以从光源的变化进行区分，还可以主观人为地进行调整。

黑色代表深邃、厚重、阴暗，白色象征着纯洁、轻盈、光明，中国传统太极图中的黑白即代表阴阳，阴阳鱼中的两个小点表示阳中有阴，阴中有阳，相互转化。绘画也是同理，黑白平衡协调，才会达到相对统一的和谐美。

《西藏速写》 陈丹青

3rd

CHAPTER

建筑速写局部

一、配景

《松树》 希施金

速写中有表现得很放松的地方，也有刻画得很仔细的地方，要根据所要表现的重点灵活安排。

《小树林》 柯罗

速写的线条轻松，不像素描那样严谨，可表达创作时的心情，有很大的发挥余地。

《山林》 希施金

明暗速写则通过色调的深浅表现空间，树枝、树干和树叶分为黑、白、灰，表达丰富的层次。

《树木速写之一》 忻东旺

铅笔速写可表现虚实、深浅，比钢笔速写的空间感更强、变化更丰富。

《树木速写之二》 忻东旺

树枝的变化很多，关键是要抓住粗细变化，如主干和枝干的粗细变化，底部和顶部的粗细变化，等等，变化太大或太小都会影响效果。

《树木速写之三》 忻东旺

《树木速写之四》 忻东旺

树木是立体的，枝干是向四面八方生长的，所以要抓住角度和光影的变化。

《枯树逢春》　赵刚

画树主要看树干和树枝的姿态，互相穿插、深浅变化、粗细搭配都是要点。

《榕树与佛头》　赵刚

榕树的枝干有一种包容和纠缠的气质，犹如蟠螭游龙，穿插缠绕，抓住这种感觉来表现，就会有神来之笔。

《气根与石门》 赵刚

榕树有气根，与坚韧的石块缠绕，一刚一柔、一曲一直，形成对比，曲线和直线的冲突使画面产生戏剧性的效果。

《遒劲》 赵刚

线条顺着结构走，可表现出树干的体积感。

《公园一角》 赵刚

《公园一角》 赵刚

钢笔速写主要靠线条来表现，通过直线、曲线、波浪线、虚线，以及点的疏密组合来表达空间及主次。

《新叶》　赵刚

《塔松》　赵刚

《水塘边》 赵刚

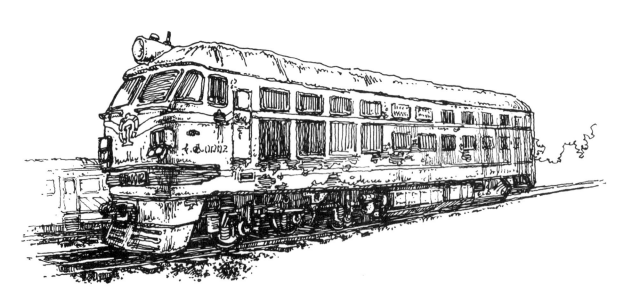

《火车头》 赵刚

《舒展》 赵刚   《郁郁葱葱》 赵刚

树枝和树叶，可以看作是点、线、面的组合，既有舒展的枝干线条又有大片汇聚的树叶，还有零星飘落的散叶，轻松又多变。

《山石》 赵刚

二、人物

《菜农》 赵刚

画人物速写时要了解并掌握基本的人体解剖知识，在训练中熟悉人体骨骼和肌肉的结构、形态，多观察动态中的变化，才能做到胸有成竹，一气呵成。

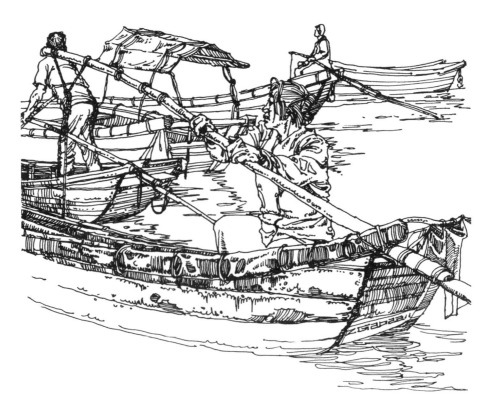

《船工》 赵刚

《吃大葱的人》 赵刚   《牧羊人》 赵刚

《猎人》 赵刚

表现速写人物时要尤其注意比例结构，我们常说的站七、坐五、盘三半，意思是人站着的高度是七个头长，坐着的高度是五个头长，盘腿坐的高度是三个半头长。

《写生的人》 赵刚

三、建筑局部

《石阶》 赵刚

石块分黑、白、灰三面，只要将三个面的色调分开，石块的立体感就会呈现。

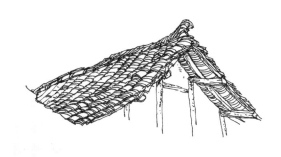

《砖墙》 赵刚

《瓦片》 赵刚

砖块可以用线条勾缝表现，也可以用侧锋平涂表现，但注意不要面面俱到地将每块砖都画得很细，关键是要找到变化。

钢笔速写勾勒瓦片，需要区分出前后空间关系，前面的瓦片可以刻画细致，表现出瓦片的厚度，后面的则简化，少画，甚至留白。

《塔》 赵刚

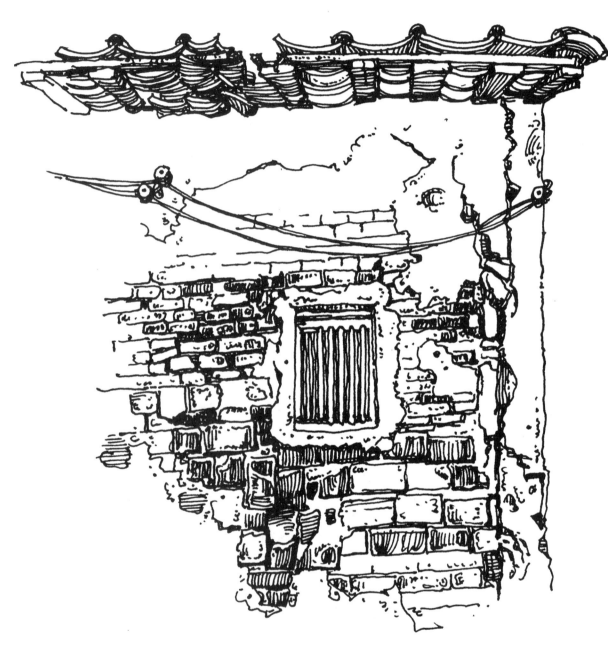

《石墙》 赵刚

石块可以先勾缝再刻画，明暗线条疏密结合，需要有留白，线条方向变化也可以避免呆板。

4th

CHAPTER

建筑速写实例

一、建筑速写分步实例

例 1

步骤一：简单勾勒出大形。

步骤二：调整并加强轮廓线，用铅笔侧锋扫出结构及明暗，刻画出细节。

例 2

步骤一：先轻轻勾勒出大的结构和比例。

步骤二：用粗铅笔加深轮廓线，再淡淡地分出明暗及细节，线条应该按透视方向来排布。

例 3

步骤一：淡淡勾出大形，主要是透视、比例和构图。

步骤二：矫正和加强主要轮廓线，勾出结构关系及明暗关系，添加细节。

例 4

步骤一：钢笔速写不容易修改，可以先从左边开始画，先画前景。

步骤二：从左到右画出大的布局构图，要胸有成竹，注意结构、比例要协调。

步骤三：最后加入细节及远景，突出线条的多样性，找出点、线、面的丰富变化，加强画面层次变化。

例5

步骤一：从上往下画，注意先
画前景，表现出空间关系。

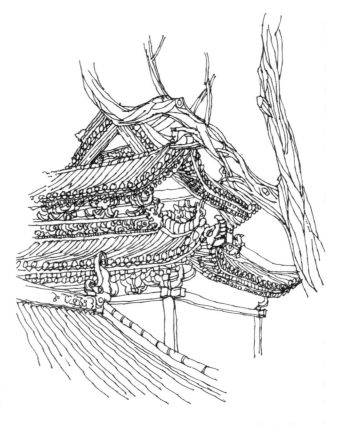

步骤二：强化线条的疏密关
系，重点位置要多着笔墨，细
致刻画，其他位置则需简化。

步骤三：最后画出细节，密而不乱，虚实有度。

例 6

步骤一：从前景向远景推着
画，可以很好地控制画面的空
间感。

步骤二：将整体构图、空间、
结构等大框架勾出。

步骤三：加入细节，近处密画细节，远处则慢慢简化。

例 7

步骤一：可以先画主体建筑，
再画周围配景。

步骤二：通过线条疏密表现明
暗关系，线条方向按透视方向
和结构方向来画，更能表现体
积感。

步骤三：根据画面效果点缀些植物及炊烟，用曲线活跃画面气氛。

例 8

步骤一：钢笔速写不好修改，所以要提前布局，做到心中有数，从前景开始向后推着画，或者从一边向另一边推着画。

步骤二：整体的构图、比例、结构画出来后，通过线条的疏密变化表现明暗关系，再加入细节丰富画面。

例9

步骤一：对于高大的建筑，可以从上往下画。

步骤二：注意大面积墙体的材质变化，用笔墨的多少、疏密来区分材质，比如石块、砖块、瓦片的勾勒方式要有所区别。

例 10

步骤一：从上往下画，离视平线越远透视线斜度越大。　　步骤二：透视线一层层向视平线靠近，越来越平，多层建筑的透视一定要画准。

步骤三：通过线条的疏密表现主次。

步骤四：透视画准才能加细节，通过植物的曲线丰富画面。

例 11

步骤一　　　　　　　　　　　　　　　　步骤二

步骤三

步骤四

例 12

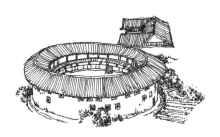

步骤一：大场景速写，要从近景开始画，向远景推。

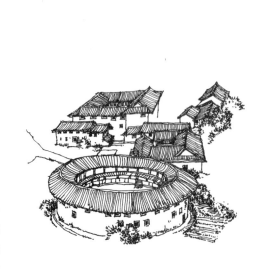

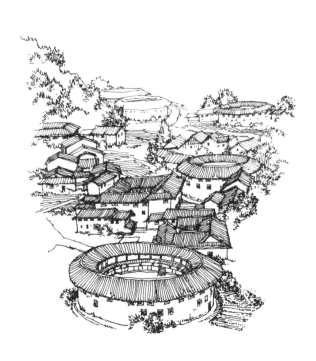

步骤二：近处细节多、线条密度高，越远越虚，越要注意大形结构的
简洁。

步骤三：根据需要添画植物配景，要和主体建筑搭配。

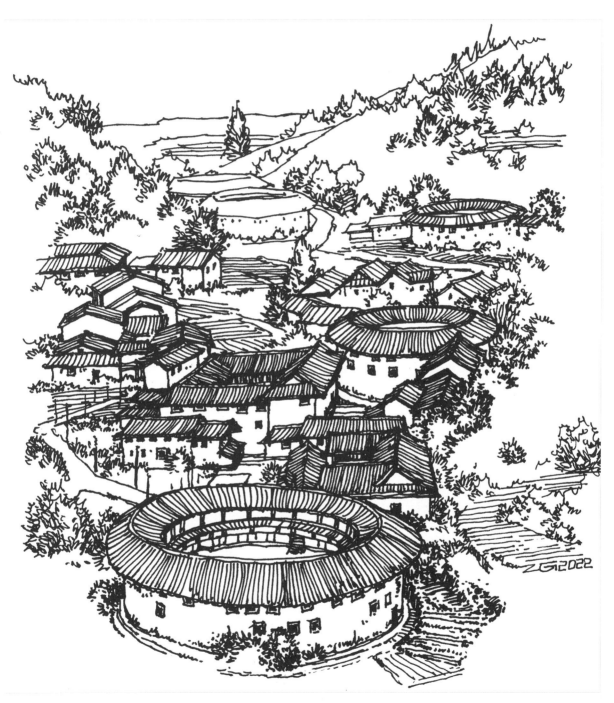

步骤四：配景的线条密度和建筑要区别开，产生对比，衬托建筑主体的亮面，利用点和曲线增加细节，活跃画面气氛。

二、建筑速写照片对照实例

例 1

《晒谷》 赵刚

例2

《小桥流水人家》 赵刚

例 3

《石窟》 赵刚

地面尽量留白，突出山体石窟，利用疏密线条表现黑、白、灰色块，通过点、线、面丰富绘画语言。

例 4

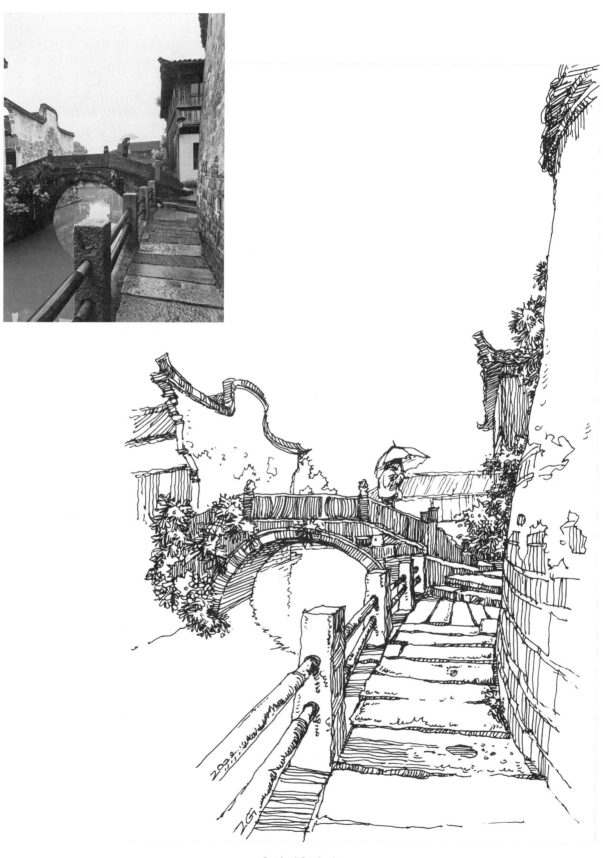

《石板路》 赵刚

速写以线为主，通过垂直线、水平线、斜线、弧线、虚线、波浪线等活跃画面气氛。

例5

《园林》 赵刚

通过线条的疏密表现明暗关系，利用黑、白、灰之间的对比、反衬营造节奏感，使画面像一首旋律悠扬的古琴曲，在江南古典园林间回荡。

例6

《太行写生之一》　赵刚

例 7

《长城》 赵刚

例 8

《美丽的街景之二》　赵刚

三、建筑速写实例解析与临摹

《农家院落》 赵刚

一幅好的速写，构图是关键，画面主次安排得当就已成功了一大半，要尽量避免散、乱、空、塞等弊病。

《廊桥》 赵刚

画速写要仔细观察，注意其形状、比例、线条和明暗，用简洁的线条勾勒景物的主要形状和结构，不要过于关注细节，要学会提炼关键元素，确定最重要的视觉特征，刻画最精彩的细节。

《柴房》 赵刚

在画速写时，不能看到什么就画什么，一定要学会取舍、概括，抓住最打动人的和最关键的部位下手，舍弃累赘和繁复，多一笔不行、少一笔不可，做到笔笔精彩。

《民居》 赵刚

画速写首先要明确趣味中心，即把握主次关系，在动笔之前要对如何构图做到心中有数，速写的过程中，将描绘对象逐一安排在预想的框架之中，再根据画面需要做即兴调整。

《院门》 赵刚

铅笔速写线条变化多端，可粗可细、可虚可实、可浓可淡、可硬可软。

《山村》 赵刚

《欧式石屋》 赵刚

需要注意细节的刻画与整体的关系，做到有所取舍、突出主体，避免面面俱到。

《昆曲》 赵刚

画速写的过程中，要注意线条的流畅、自然、粗细和疏密，还有前后穿插和虚实关系，线条画得重了、多了就实，反之则虚，有了虚实就有了主次和空间。

《临水人家》 赵刚

钢笔速写妙在线条的曲直、长短，线条不同所表现的感情也不一样，比如直线刚硬而曲线柔美。

会有不同的效果，比如粗的笔痕会使人到柔
软，尖细的则显得较为刚硬。

《清理河道》　赵刚

速写构图要饱满，节奏感要强，虚实关系和空
间关系要得当。形有大小、方圆，线有曲直、
疏密，明暗调子有黑、白、灰的变化，这些都
是构成画面节奏的重要因素，在动笔之前都要
考虑清楚。

《老街》　赵刚

铅笔速写能表现丰富的层次，笔尖粗细不同也
会有不同的效果，比如粗的笔痕会使人感到柔
软，尖细的则显得较为刚硬。

《水乡》 赵刚

想要将对象画得生动，光直接勾出轮廓大形是远远不够的，你必须认真观察事物，抓住其主要特征，找到其打动你的细节，才能将其生动地表现出来。

《平遥古城》 赵刚

《太行写生之二》 赵刚

在画速写时要注重整体观察，时刻从整体出发，从眼睛的观察到头脑的思考和过滤，再到手的熟练配合，做到眼、脑、手三位一体。

《太行写生之三》 赵刚

《太行写生之四》 赵刚

《太行写生之五》 赵刚 　　　　　《太行写生之六》 赵刚

《栖霞寺》 赵刚

《小山村》 赵刚

《村庄》 赵刚

《石屋》 赵刚

《古桥》 赵刚

《破败的房屋》 赵刚

《小院》 赵刚

《小巷》 赵刚

《房屋》 赵刚

《窑洞》 赵刚

《木屋》 赵刚

《上海街头》 赵刚

《周庄》 赵刚

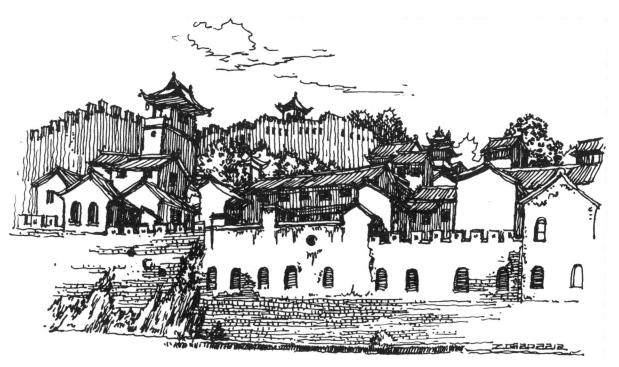

《古城》 赵刚

《美丽的街景之三》 赵刚

《美丽的街景之四》 赵刚

《美丽的街景之五》 赵刚

《美丽的街景之六》 赵刚

《美丽的街景之七》　赵刚

《美丽的街景之八》　赵刚

《美丽的街景之九》 赵刚

《美丽的街景之十》 赵刚

《美丽的街景之十一》 赵刚

《美丽的街景之十二》 赵刚

《美丽的街景之十三》 赵刚

《美丽的街景之十四》 赵刚

《院门》 张舒璐

《小别墅》 张舒璐

《木棚》 张舒璐

《溪流》 张舒璐

《古堡》 赵刚

《古塔》 赵刚

《电车》 赵刚

《民国建筑》 赵刚

《皖南》 顾超

《东槐村》 顾超

《石板桥》 顾超

《小乡村》 顾超

《小院》 顾超

《街角》 卓长春

《教堂》 卓长春